植物大戰殭屍2

人體漫畫

生命守護者

笑江南 編繪

U0108618

中華教育

### 向日葵

### 豌豆射手

### 火葫蘆

### 菜問

### 火炬樹樁

### 堅果

### 竹筍

### 強酸檸檬

### 大嘴花

## 淘金殭屍

## 路障飛機頭殭屍

## 飛機頭殭屍

## 牛仔殭屍

## 漁夫殭屍

## 未來殭屍博士

## 深海巨人殭屍

## 武僧小鬼殭屍

# 專家推薦

　　生命科學的發展賦予人類前所未有的高度去審視世間萬物。面對各種疾病及公共衛生事件，人類擁有愈來愈多的醫療技術和更加成熟的處理經驗。人類不斷延長的平均壽命、不斷提高的生活品質便是生命科學進步的最直接成果。

　　然而，不斷出現的新發傳染病、逐年升高的惡性腫瘤發病率等威脅生命的挑戰也從未如此之多，人類以目前掌握的科學技術，要應對所面臨的全部疾病挑戰，還任重道遠。

　　所以，我們在感歎人類所取得的成就之餘，也應深知人類所處環境的惡劣，並應了解人類的夜郎自大、肆意破壞生態平衡便是造成當今環境如此惡劣的原因之一。

　　本書所講述的內容是人類科學進步的體現，有些技術是已經普遍應用的成熟技術，但有些技術距離成熟運用仍然非常遙遠。生命需要人們共同守護，生命科學需要各位小讀者長大以後去不斷發展，生態平衡更需要各位小讀者去用心維護。

孫光宇

中國科學技術大學附屬第一醫院主治醫師

# 目錄

# 病人失蹤案件

準備開始治療了。

怎麼又是你？

我不想治療。

博士說了，你的童年心理陰影實在太大，所以之前才闖了那麼大的禍。我的催眠療法能幫你消除童年陰影。

那我要申請換醫生!

換醫生?

我的催眠技術不好嗎?

不,你的催眠技術太好了。

確切地說,你催眠自己的技術太好了!

放心,我來之前喝了咖啡,這次保證不會睡着!

放鬆……
放鬆……

終於成功了！

下面該……

催眠療法
入門

5

金子呢？

快！

剛剛明明看到金子了呀，難道我又把自己催眠了？

啊，武僧小鬼殭屍呢？

不好啦！武僧小鬼殭屍不見了！

這是怎麼回事,病人你都能弄丟?!

我……

最近有很多病人投訴你。博士說了,如果你治不好武僧小鬼殭屍的病,就開除你。

我這就去把他找回來!

當時他已經被催眠了,不可能自己離開啊……

我知道了！

一定是植物幹的！

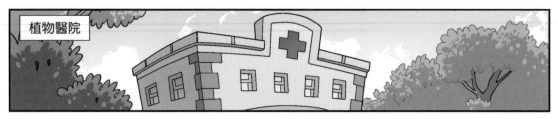

植物醫院

醫生，之前吞食了奇異膠囊的部落居民，現在還有救嗎？

只能先做基因檢測看看了！

9

奇異膠囊是一種罕見的基因藥物，副作用很大。你的體內也有這種藥物，也要做檢測。

現在很多醫院都在做基因檢測，有用嗎？

當然有用。

基因檢測技術可以找到很多致病基因，還可以預測身體是否會患某種疾病。

這麼神奇？

婚前或孕前的基因檢測，有助於確保母嬰健康。

這麼厲害！

對於老年人高危的阿爾茨海默病等疾病，基因檢測還具有早期診斷的作用。

植物們，給我出來！

你們來幹嗎？

還問我們？快把武僧小鬼殭屍交出來！

他不是在殭屍醫院接受治療嗎？

少裝蒜！肯定是你們為了報仇，把他偷走了！

砸他們！

喂，別浪費番茄啊！

你快進去找武僧小鬼殭屍！

是！

你想幹甚麼？

閃開！

看到這個指示牌了嗎？

看到了——

非探視時間
非請勿入

這是甚麼字？

請。

好的，你請我了，我可以進去了。

喂……

武僧小鬼殭屍！聽到請回答！

站住！

13

病人都在休息，你不要大喊大叫。

喊救命算不算？

算。

快跟我出去。

基因检测室

裏面肯定有問題！

14

# 不明飛行物

把武僧小鬼殭屍交出來！

殭屍一來搗亂，咕嚕咕嚕部落的居民就不見了，一定是殭屍聲東擊西，擄走了他們！

我砸！

我噴！

17

你的腳步能不能輕一點？

這裏是植物鎮，你想把所有植物都吵醒嗎？

不好意思……

你應該學貓，牠們走路的腳步就很輕。

哦，那個我會！

我學得怎麼樣？

我說的是學貓走路，不是走貓步。

堅果，夜跑時間到了！

夜跑太累，我不想去了。

我剛才在來的路上，看見 2000 米外的超市在舉辦免費試吃薯片的活動……

出發吧！

堅果，我們之前說好一起夜跑，你這樣好嗎？

挺好的啊！

我要為薯片試吃活動保存體力。

19

如果我也像咕嚕咕嚕部落的居民一樣，擁有超強體能，我一定會跟你一起跑的。

他們是吃了一種有基因編輯功能的藥，才擁有超能力的。

要是我也能吃這藥多好。

有些事情最好不要輕易去嘗試。你聽說過「訂製基因嬰兒」嗎？

甚麼？嬰兒也能訂製？

是的。我剛得知這個消息時也很驚訝。

有對雙胞胎還處於胚胎期時，有人對她們進行了基因編輯，以使她們出生後就有天然抵抗病毒感染的能力。

難怪基因編輯被稱為「上帝的手術刀」啊！

但是，基因編輯失誤率高，一旦改變了健康的基因，將對胎兒造成不可估量的傷害，還可能危害他們的後代。

啊！

你要我解釋多少遍？不是走貓步！

咦？那不是深海巨人殭屍嗎？

還有漁夫殭屍！

嘿，深海巨人殭屍！

別喊！

好像有人喊我……

你別岔開話題！

為甚麼不讓我和老朋友打招呼？

殭屍深夜出現在植物鎮，你不覺得很不正常嗎？我們還是觀察觀察再說。

此地不宜久留，我們還是快走吧！

好！

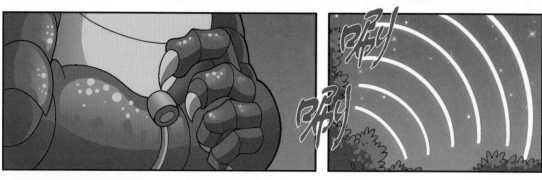

啊⋯⋯

我是不是餓花眼了？居然看到了飛碟⋯⋯

# 棋逢對手

嗯⋯⋯

似乎又要打成平手了。

下棋結束了嗎？

你覺得呢？

都怪你！

為甚麼？

你的呼嚕聲干擾了我的思維，在分出勝負之前，你不准睡覺！

好吧。

那打盹兒行不行？

不行！

老闆，我能提一個小小的建議嗎？

你說！

您和自己的分身下棋，應該永遠都不會贏吧？為甚麼不換個對手呢？

比如我⋯⋯我一定會故意輸給您，讓您開心的！

你⋯⋯

那我也給你提個建議。

洗耳恭聽。

到一邊涼快去！

馬上就去！

早就提醒你了，最近老闆心情不好，別惹他。

你甚麼時候提醒過我？

就是現在啊！

不過老闆真厲害，居然會分身術。

如果我也會分身術，就能讓我的分身替我值班，而我就可以睡大覺了。

你想得倒挺美。

老闆來自外星，所以才能變出很多個自己，你可不行。

誰說的？

難道你沒聽過複製技術嗎？

複製？

一般來說，嬰兒的誕生需要爸爸和媽媽共同協作才能完成，但利用複製技術，只要取走你身體裏的一個細胞，就能複製出另一個你喲！

啊？

1996年，科學家就成功的利用複製技術，將一隻母羊的乳腺細胞和另一隻母羊的卵子細胞融合，複製出一隻羊，並給牠取名多莉。從那以後，世界上還出現了複製豬、複製狗、複製鼠等。

那複製人呢？

理論上，可以，但現在技術還不成熟，複製人可能出現先天性生理缺陷；而且，如果複製人氾濫，會造成世界混亂，所以各國都不允許將複製技術應用在人身上。

又是死局！

再來！

老闆以前不是很喜歡和博士下棋嗎？最近博士也不常來了……

噓！別提博士！

剛剛誰提了博士？

他！

如果你們再提他，我就把你們丟到火星上種薯仔！

你不知道吧？博士可是老闆來地球交的第一個朋友，老闆私下告訴博士很多外星球的生命科技祕密。

後來呢？

後來，武僧小鬼去博士那兒學習，偷看到基因編輯藥物的核心技術，回去後做出了奇異膠囊，然後就發生前段時間咕嚕咕嚕部落那些事！

這樣啊！

這事搞得老闆很生氣，他覺得博士沒把自己的話當回事，導致技術外泄，因此大受打擊。

怪不得老闆現在只相信自己的分身。

將軍！

外星人來了

植物醫院

你哪裏不舒服？

我是來拍照的。

拍照？

聽說醫院的B超設備很先進，可以拍出相機拍不出來的效果，我想試一下。

那是用來檢查身體的⋯⋯

B超檢查是超聲波檢查的一種方式，可以清晰地顯示人體的部分內臟及其周圍器官，能有效地檢查出心臟、膽囊、肝臟等部位的疾病。

這種檢查還可以顯示胎盤，能對胎兒的發育情況做出早期診斷，是一種應用廣泛的產檢方式。

這樣啊！

那快給我B超檢查吧！

你既沒生病也沒懷孕，做甚麼檢查啊？

可我想拍一張好玩的照片，給大家看看！

胡鬧，醫療設備哪能任你瞎玩！

別發火嘛！

有甚麼好看的？我又不是外星人！

外星人？

飛碟！我看到了外星人的飛碟！

飛碟？

快跑啊！

堅果今天是怎麼了？

應該是因為飛碟吧……

昨天晚上，我和他在郊區看到了一個飛碟。

不會吧？

37

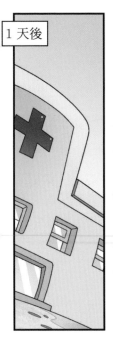

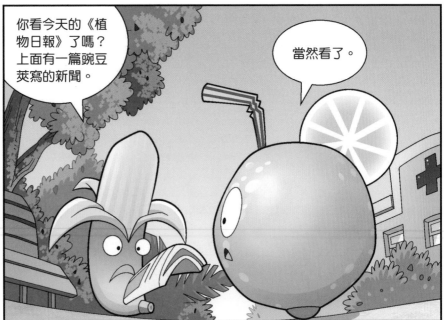

你看今天的《植物日報》了嗎？上面有一篇豌豆莢寫的新聞。

當然看了。

報紙上說菜問和堅果目睹了外星飛碟潛伏植物鎮的事件，簡直太可怕了！

你說這事是真的嗎？

誰知道呢？

少見多怪。

你是誰啊？

難道你見過飛碟？

# 逃離虎穴

打掃時間到！

洗刷刷，洗刷刷！

勞駕，請借個位置。

你讓借就借嗎？我偏不！

那我親自動手，謝謝。

洗刷刷……

喂，我要上廁所。

你的事還真多。

跟我來。

你只有5分鐘的時間喲！

知道啦！

這傢伙竟用掃帚掃我的頭，都把我髮型弄亂了。

這是甚麼？

我想起來了，這是向日葵的縮小包！上次菜問還用來着，怎麼在我頭髮裏？

好了沒啊？

馬上就好！

衛生間

我下去買菜啦！

多買點雞腿喲！

我躲！

你們看到的飛碟是甚麼樣的？

外觀像個漁夫帽，但我們也不確定它到底是甚麼。

是菜問和堅果！

看來這裏就是植物鎮！

火龍草家

醫生，快救救我的小貓吧！

你叫我來，就是為了救貓？！

可我不是獸醫啊！

可你是醫生呀……

這隻流浪貓我已經養了兩年了，可牠一直沒有生小貓。

牠是不是生病了？

我帶牠去寵物醫院檢查過，醫生說牠沒事。我懷疑那個寵物醫生醫術不精。

你是植物鎮的名醫，你一定可以救我家貓！

名醫？

哈哈，我的名氣這麼大嗎？

我想想辦法……

有了！

你聽說過試管嬰兒嗎？

試管嬰兒？

因為疾病等原因，有些女性無法自然受孕。

試管嬰兒是解決這類問題的一種方法。

聽着真不錯。那試管嬰兒是在試管裏長大的嬰兒嗎？

哈哈，當然不是！在試管裏人工培育的是由媽媽的卵子和爸爸的精子結合形成的受精卵，以及後來的早期胚胎。胚胎還需要移植到媽媽的子宮內，最後從媽媽肚子裏誕生出嬰兒。

現在這項技術已經很成熟了。

已經發展到「第三代試管嬰兒」了。

第三代試管嬰兒有甚麼特別之處？

它採用了基因檢測技術，能夠篩選出健康胚胎，保證新生兒的健康，比第一代和第二代的技術都要先進。

那我就可以做試管小貓了！

不過……你還是放棄這個想法吧！

寵物醫生沒告訴你，這是隻公貓嗎？

# 第1221封信

戴夫家

難啊!

拜託啦!

求你把我恢復到原來的大小吧,我還要去救部落居民呢!

上次武僧小鬼殭屍被縮小以後,你不也幫他還原了嗎?

50

你居然有這麼小的 CT 機!

嘿嘿,只有你想不到的,沒有我做不到的!

CT 機利用 X 光和靈敏度極高的探測器,圍繞人體的某一個部位進行多次連續的斷面掃描。

這個好像太空艙啊!

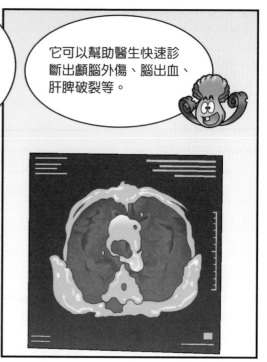

它可以幫助醫生快速診斷出顱腦外傷、腦出血、肝脾破裂等。

除了微型 CT 機,我還有微型 MRI 機喲!

MRI 又是甚麼?

MRI 磁力共振掃描對於某些疾病，它比 CT 檢查的分辨能力更強。

對於心臟，MRI 能清楚地顯示心腔、心肌、心包及心內其他細小結構，能比 CT 檢查更早地發現病變。

那為甚麼不直接讓我做 MRI 檢查呢？

因為 MRI 檢查速度慢，耗時。一些病情危重，或裝有心臟起搏器、義眼等的病人，也不適合使用 MRI。

啊⋯⋯

怎麼了？

完全沒問題！

太好了！

我的 CT 機沒問題，你可以下來了。

CT 機沒問題？那火葫蘆呢？

火葫蘆也沒有問題！

可是怎麼把他變大呢？

既然他的身體沒有異常，那麼只要用這個放大包的光線照一下就可以了。

你說甚麼？
我聽不見！

怎麼樣？
滿意嗎？

再用縮小包
照一下吧！

未來殭屍博士基地

親愛的無窮小鬼殭
屍，你好！對武僧
小鬼殭屍闖下的禍，
我感到很抱歉……

博士，您又在給無窮小鬼殭屍寫信啊？

是啊！

這是我寫的第1221封信。

您怎麼記得這麼清楚？

因為今天郵局剛剛退給我1220封信，都是無窮小鬼殭屍拒收的。

要我說，您根本沒必要低聲下氣。

再怎麼說，您也是殭屍城的老大，怎麼能給一個小鬼道歉呢？

你不懂。

高處不勝寒，一個人太優秀了，是很難遇到知音的……

在我最孤獨的時候，無窮小鬼殭屍出現了，他和我一樣，都是生命科學愛好者，我們一起學習，一起做研究，惺惺相惜……

那段時間，是我生命中最開心的日子。

我一定會努力讓無窮小鬼殭屍回心轉意的！

好感動……

# 將計就計

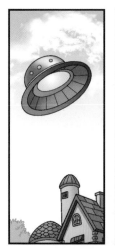

你今天怎麼心不在焉的？

啊？

心不在焉？我有嗎？

不然你為甚麼放着自己的三文治不吃，老吃我的！

嘿嘿，還真是對不起。

唉，火葫蘆是怎麼逃跑的呢？

甚麼？火葫蘆逃跑了？

啊？你是怎麼知道的？

你再說大聲點，老闆也會知道的。

快說，到底是怎麼回事？

我押送火葫蘆去上廁所，他進了廁所後不久就不見了……

趁老闆沒發現，我們趕緊找找，不然我倆都要吃苦頭！

嗯，趕緊找。

找甚麼？

老闆！

嘿嘿，找老闆您啊！

我也是。

你倆是吃錯藥了嗎？

我一會兒見不著您，就會想您。

哈哈，我曾下決心，只要博士寫 1221 封懺悔信就原諒他，今天正好是 1221 封。

把門打開，我要親自放了武僧小鬼殭屍。

這……

這門採用了虹膜識別技術，只能識別出你倆的虹膜。

61

老闆，開門之前，請允許我表達對您的崇敬之情！

算你有心！

虹膜識別技術是非常先進的生物特徵識別技術，您能利用它開發出產品，我真的好佩服您喲！

哼，你們跟着我就會知道甚麼叫大開眼界！

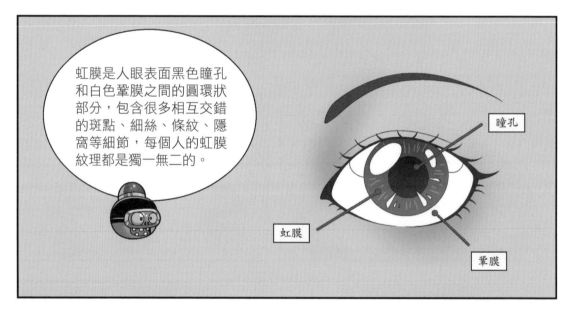

虹膜是人眼表面黑色瞳孔和白色鞏膜之間的圓環狀部分，包含很多相互交錯的斑點、細絲、條紋、隱窩等細節，每個人的虹膜紋理都是獨一無二的。

瞳孔

虹膜

鞏膜

和指紋、人臉識別等技術相比，虹膜識別技術是目前最精確的生物識別技術。

我們老闆就是棒！

現在可以開門了吧？

老闆……我的眼睛不舒服，不太方便……

我也是，最近玩電腦太多，好像得了飛蚊症。

你們真的想去火星種薯仔嗎？

不想！

我來開！

讓我來！

報告，武僧小鬼逃跑了。

那個闖禍精跑了？

你們是怎麼看守的？

不關我們的事啊……

飛碟上戒備森嚴，他自己是逃不掉的，一定是殭屍博士幫忙了！

殭屍博士，你一邊口口聲聲跟我道歉，一邊偷偷把人搶走，我跟你沒完！

逃跑的不是火葫蘆嗎？武僧小鬼殭屍也跑了？

65

**友誼的小船**

未來殭屍博士基地

博士，我給您燉了雞湯，要喝嗎？

你真有心，我正好餓了！

好啊！

真正的友情，不涉任何利益；真正的朋友，不管發生任何事情，都會陪在你身邊，不離不棄！

原來是心靈雞湯⋯⋯

博士，無窮小鬼殭屍因為一點小事就離開您，說明他不是您的真朋友，我才是啊！

你小子⋯⋯

說吧，你想和我做朋友，目的是甚麼？

我想學如何治療癌症，我想當醫生！

真正的友情，不是不摻雜任何利益嗎？

啊！說漏嘴了⋯⋯

關於癌症治療，我倒是可以把我了解的真相全告訴你。

真的？

真相只有一個！

那就是……其實我也不知道怎麼治療。

但是，我看過很多科學家發表的關於癌症治療的文章。

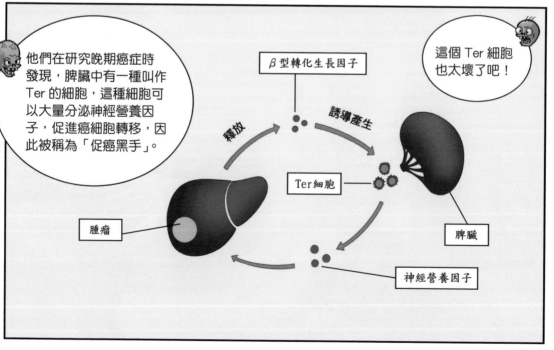

他們在研究晚期癌症時發現，脾臟中有一種叫作 Ter 的細胞，這種細胞可以大量分泌神經營養因子，促進癌細胞轉移，因此被稱為「促癌黑手」。

這個 Ter 細胞也太壞了吧！

β型轉化生長因子

釋放

誘導產生

Ter細胞

脾臟

腫瘤

神經營養因子

所以科學家提出，可以嘗試切除晚期癌症患者的脾臟，或有選擇性地清除 Ter 細胞，阻斷其分泌神經營養因子，以治療晚期癌症。

你們相談甚歡嘛！

博士……救我……

無窮小鬼殭屍？你終於來找我了！

你偷偷轉移武僧小鬼殭屍，現在又交了新朋友，我討厭你！

啪

轉移？沒有啊！而且就算我交了新朋友，也並不妨礙我們還是好朋友啊！

你還狡辯！

不要這麼孩子氣！

博士，我渾身都癢，好難受啊！

我的鼻子……

啊——啊嚏——

啊？噴霧怎麼往這邊來了！

癢死啦——

# 太空祕密武器

老闆，您還好嗎？

噓！

好？

我一點都不好！

啊！您的臉被蚊子咬啦？

我太傻了！

居然相信殭屍博士會真心和我道歉。

他不是真心的？

如果他是真心的，我的臉能成這樣嗎？

可他在信上寫得情真意切，不像是假的呀。

這種假惺惺的人更可惡！

咦？

怎麼了？

哼哼，讓你見識一下我的太空細菌！

太空細菌？

這種細菌是我 100 多年前在太空旅行時發現的，是我的祕密法寶。

細菌能活 100 多年？

當然，依靠細胞儲存技術就可以。

這種技術能保證細胞的功能和活性不受明顯影響，科學家們一般採用-196℃的液氮保存細胞。

不過地球上的科學家太無聊了，他們只知道儲存免疫細胞用於治病。

細胞還可以用來治病？細胞的作用可真大啊。

那做甚麼不無聊？

當然是釋放太空細菌……

讓博士痛苦了！

那幾個植物我也不想管了，把他們都放了吧！

啊？

您不是說，要治好他們，和植物做朋友嗎？

我改變主意了。

他們和博士一樣，都屬於地球，我才不要好心地給他們治病呢！

老闆早就以為你跑了，所以你也可以走了。

一了百了，我們也不用擔責任啦！啦啦啦！

出口在那邊，慢走不送喇！

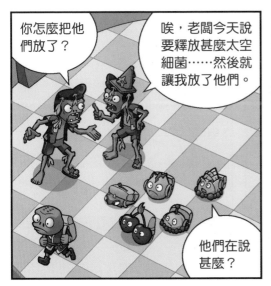

你怎麼把他們放了？

唉，老闆今天說要釋放甚麼太空細菌……然後就讓我放了他們。

他們在說甚麼？

太空細菌？

# 怪病來襲

第一自來水廠

哎喲！不過總算落地了。

殭屍醫院

醫生，救我！

你哪裏不舒服？

我渾身都舒服……

那你來醫院幹嗎？

我最近工作很忙，經常值夜班，常常覺得疲勞，但今天突然有種神清氣爽的感覺，這不合理！

醫生，這會不會是迴光返照？

你這應該是心理作用。

83

不好了！外面突然來了好多患者，他們……

怎麼了？

都變成他這樣了……

3小時後

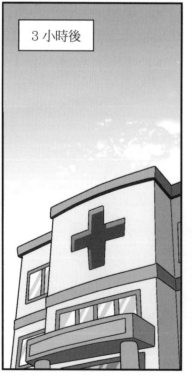

檢查結果出來了，他們的內臟突然腫大，所以變成了這樣。

內臟突然腫大？

並且還在繼續變大……

這樣下去會有生命危險的！

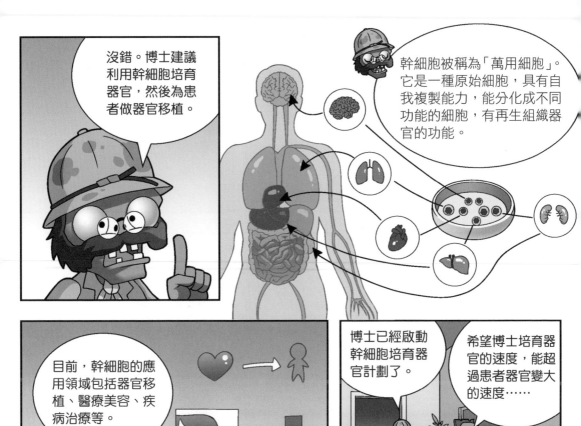

沒錯。博士建議利用幹細胞培育器官，然後為患者做器官移植。

幹細胞被稱為「萬用細胞」。它是一種原始細胞，具有自我複製能力，能分化成不同功能的細胞，有再生組織器官的功能。

目前，幹細胞的應用領域包括器官移植、醫療美容、疾病治療等。

博士已經啟動幹細胞培育器官計劃了。

希望博士培育器官的速度，能超過患者器官變大的速度⋯⋯

這病發生得太突然了，我們最好查一查患者最近有沒有遇到甚麼奇怪的事，或者吃過甚麼奇怪的東西。

你說得對！

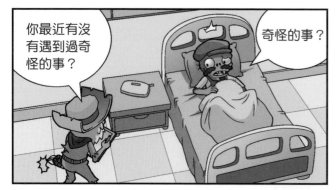

你最近有沒有遇到過奇怪的事？

奇怪的事？

有！

我一進醫院，你就盯着我的錢包看，特別奇怪。

我說的不是這個……

我現在不看你的錢包，行了吧？

喂，把錢還給我！

我想起來了，還有一件怪事！

甚麼？

我在自來水廠工作，昨天夜裏巡邏時，我發現水庫邊的地上有奇怪的綠色液體，還摸了一下。

綠色？

難道這件事和植物有關？

植物醫院

真是功夫不負有心人！

我找啊找，終於把你們找回來了！

明明是我們自己回來的……

回來就好，我剛恢復正常大小，正跟菜問商量怎麼救大家呢！

我就知道，你逃走一定是為了搬救兵！

你們是怎麼逃出來的啊？

是無窮小鬼殭屍放了我們。

他有這麼好心？

咕嚕咕嚕部落居民們的最新體檢報告出來了。

快拿給我看看。

報告顯示，你們失蹤的這段時間，身上的奇異膠囊成分少了很多！

真的？

我想起來了，飛機頭殭屍每天都會給我們注射一種藥物，還說是為我們好。

對！當時我們還以為他和武僧小鬼殭屍一樣，在拿我們做實驗。

難道無窮小鬼殭屍真的在救我們？

我逃出來以後，菜問也檢查出我身上奇異膠囊的成分變少了。

對啊，我當時還以為你的身體裏產生了抗體呢！

89

從根源上說，奇異膠囊是無窮小鬼殭屍發明的藥物。他有解藥也不稀奇，或許他真的在幫你們。

可我離開的時候，無意中聽到，無窮小鬼殭屍要釋放甚麼太空細菌。

啊？

太空細菌？

大壞蛋，給我出來！

哼，是不是你們在殭屍城搗亂？

怎麼又是你？

在殭屍城搗亂？

叫你們院長出來，我要和他單獨談！

你別想打擾我們院長工作。

再說了，我才不怕你砸番茄！

口氣不小。

那砸菠蘿呢？

無故中招

匯報一下殭屍城的情況吧！

是！

殭屍城的情況，我一概不知。

我不是讓你去查了嗎？

你不知道？

電視劇《植物王國奇遇記》快大結局了，我不想錯過。

不過別擔心，我已經把任務交給路障飛機頭殭屍了。

他在哪兒？

我在這兒！

早上我不是讓你去殭屍城打探消息了嗎？

有這回事？

殭屍城的情況怎麼樣了？

啊？甚麼情況？

早上你和我說話的時候，我在打遊戲，甚麼也沒聽見。

你們兩個，沒一個靠得住，想氣死我嗎？

老闆，少安毋躁啊！

老闆，您皮膚病還沒完全好嗎？

哼！

關你甚麼事？別岔開話題。

黴菌噴霧器裏的細菌是地球上的一種真菌，對外星人來說，感染了就很難癒合。

您的皮膚情況的確很不樂觀啊⋯⋯

要不要試試幹細胞皮膚槍？

那是甚麼？

幹細胞皮膚槍是一種治療燒傷的工具，您沒聽說過嗎？

我的星球上可沒有這種東西。

以往對於遭受大範圍燒傷的病人，通常要由外科醫生取下病人身體其他部位的健康皮膚，將其移植到患處。

移植過程很痛苦，而且會留下無法消除的疤痕。後來，科學家們就研發出了幹細胞皮膚槍。

從病人身上取一小塊健康皮膚，從中分離出幹細胞，並將它配成溶液，再利用幹細胞皮膚槍將溶液噴灑在燒傷部位，幾天內就能長出健康的皮膚。

這麼神奇！

我以前給博士打工時學過這種技術，讓我來醫治您吧！

好啊！

但我要先取您的一小塊健康皮膚。

哦，稍等。

雙重威脅！

取他的吧，我怕疼。

第 2 天

啦啦啦！

老闆，您今天這麼開心，一定是知道我把幹細胞溶液配好了。

已經配好了？

難道您不是為這個開心嗎？

不是，是漁夫殭屍和深海巨人殭屍打探到殭屍城好多殭屍都感染了太空細菌，所以我才開心的。

老闆，這麼害他們，不太好吧！

是他們先讓我失望的！別廢話了，快把幹細胞溶液給我噴上！

噴

這種噴霧也是綠色的啊？

綠色？

我好像搞錯了，這瓶是太空細菌！

啊？！

# 陷入絕境

殭屍醫院

拍幾張照片帶回去給老闆看，他一定會很開心的。

好的。

搞定，收工！

感謝你在殭屍城危難之際不計前嫌，出手相救。

不用客氣，救死扶傷是醫生的天職。

喂……你應該感謝的是我！

是我用菠蘿把他砸來的。

你別想攬功勞，明明是閃電蘆葦院長聽你說殭屍城出現了罕見疾病，才派我來支援的。

最新的檢查報告出來了。

走，去看看。

我們也跟過去瞧瞧。

檢查報告顯示，他們感染了一種罕見細菌。

細菌？

幹細胞培育器官週期太長，病人根本等不到那時候。或許可以試試抗生素。

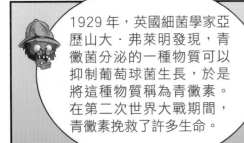

1929 年，英國細菌學家亞歷山大·弗萊明發現，青黴菌分泌的一種物質可以抑制葡萄球菌生長，於是將這種物質稱為青黴素。在第二次世界大戰期間，青黴素挽救了許多生命。

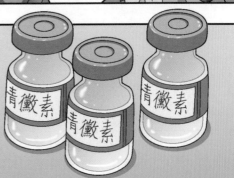

101

青黴素是世界上最早被發現的抗生素，被稱為現代醫學史上「最有價值的貢獻」。後來，人們又發現了金黴素、土黴素、紅黴素等一系列抗生素。

博士說過，不能濫用抗生素，因為過量使用抗生素，會增加細菌的耐藥性，最終將失去治療效果。

可現在也沒有別的辦法啊……

好像以前有人和我提過細菌，他是誰呢？

對了，是竹筍！

菜問，你在自言自語甚麼？

我曾聽竹筍說，無窮小鬼殭屍釋放了甚麼太空細菌。

他們好像知道老闆的計劃了。

你小點聲，別被他們聽見。

誰在門口？

深海巨人殭屍？

大家好……

你們怎麼在這兒？

我們在這兒和太空細菌一點關係也沒有。

你這不是此地無銀三百兩嗎？

看來他們知道細菌的事！

……事情就是這樣，老闆因為和博士鬧彆扭，就把太空細菌投放到殭屍城。

完了，老闆知道我們泄密，非把我們送到火星種薯仔不可。

原來這一切都是無窮小鬼殭屍幹的，我要把這個消息告訴博士！

老闆，博士來看您了。

他來幹甚麼？不見！

無窮小鬼，請你放過殭屍城的居民吧！

和我有甚麼關係？

我知道是你在殭屍城投放了太空細菌。

別看我，我這兩天在追劇，一步都沒離開過飛碟。

誰這麼大嘴巴？

啊！

你生我的氣，我能理解，可這是我們之間的私人恩怨，不要牽連無辜的居民啊。

我和你是朋友，不代表我不能交別的朋友啊，你這種把朋友佔為己有的想法太自私了。

少廢話！

我倆來比一場，如果你贏了，我就試試幫你救他們。

一言為定！

比甚麼？

就比誰個子矮。

唉，看來你是真心不想出手相救。

算了，就當我錯認了你這個朋友。

喂，別走啊！不嘗試一下怎麼知道行不行？

老闆，你昨天感染了太空細菌，今天就好了，你有解藥對不對！

你懂甚麼？我能痊癒，是因為我的身體特殊。

事實上，我真不知道怎麼治療地球居民感染太空細菌……

# 「鬼靈精」的解藥

殭屍醫院

博士，您來了。

病人的情況怎麼樣？

不太樂觀。

這兩天送來的感染者愈來愈多，醫院快裝不下了。

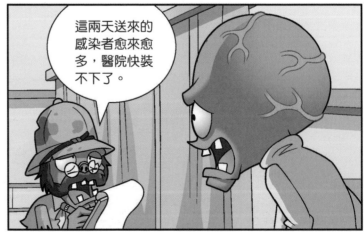

抗生素起作用了嗎？

起了……

注射了抗生素的病人，不僅內臟腫大沒有緩解，連頭都變大了。

哇……

太空細菌太強大了，竟然可以利用地球上的抗生素加速繁殖！

晚了，您還是回去休息吧，這裏有我。

沒關係，我今天突然感覺神清氣爽，多待一會兒沒問題。

神清氣爽？感染太空細菌的病人剛開始都感覺神清氣爽，您不會也……

博士！

您真的感染了！

博士也感染太空細菌了？

是的，聽說病情特別嚴重，當即被送進了重症監護室。

恭喜老闆報仇成功！

有甚麼好恭喜的？！

你們幾個快想想辦法，怎樣才能救博士？

老闆很矛盾啊，一會兒要報仇，一會兒要救人。

這還不明白？其實老闆對博士還是有感情的，他們曾經是無話不談的知己啊！

我有辦法了！

快說！

我們可以去太空找一個更厲害的細菌，再把它注入博士體內，以毒攻毒。

我是不是很聰明？

門在那邊——

給我出去！這是甚麼爛辦法！

老闆，您為甚麼不研製疫苗呢？

疫苗是甚麼？

疫苗是將細菌、病毒等病原微生物及其代謝產物，經過人工減毒、滅活或利用轉基因等方法製成的免疫製劑。

你們星球上沒有疫苗？

我們星球的居民，身體機能進化得非常強大了，根本不需要這種東西啊。

1796 年，英國醫生安特‧愛德華‧詹納發現，將牛痘膿液接種到孩子身上能夠預防天花，就這樣，世界上第一種疫苗誕生了。

對於一些難以醫治或傳染速度比較快的疾病，通過研究疫苗來預防是非常有效的辦法。

但是，疫苗只能起到預防作用，沒有治療作用啊？

噓，我是為我們自己做打算。

殭屍城的疫情這麼嚴重，搞不好我們也會被傳染，只要老闆研究出疫苗，到時我們打上一針，就不怕了。

殭屍醫院

這是甚麼？

疫苗。

疫苗？

你作為一名醫生，不會連疫苗都不知道吧？

我當然知道，可這是甚麼疫苗？

這是抵抗太空細菌的疫苗。

博士的病就靠你了。

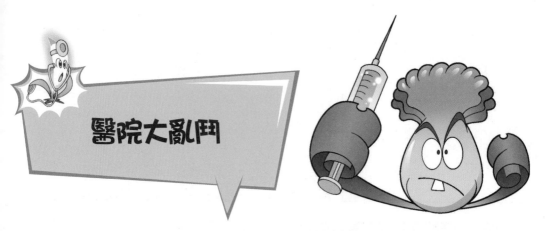

醫院大亂鬥

你確定要這麼做嗎？

確定。

給我疫苗的人身份不明,我要驗證疫苗有效了才能放心給殭屍城的居民使用。

這是把我當成白老鼠啊。

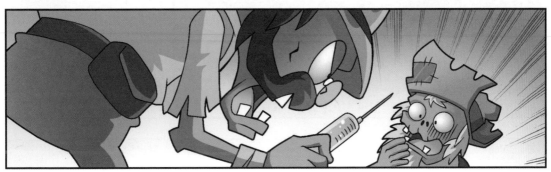

如果我為科學獻身了,請把我的存款捐給「殭屍城守財奴協會」,我的銀行卡密碼是……

哇……哇……

你別在這裏哭。

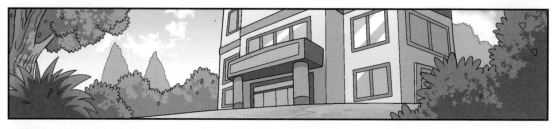

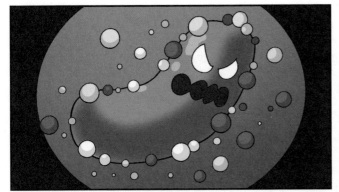

當然，疫苗必須經過臨牀試驗，才能投入使用。

啊，你為甚麼用這種眼神看我？

我就是「守財奴協會」的會員，我會幫你保存存款的！

我恨你！

啊！

1 星期後

嗒 嗒 嗒

博士的病房在哪兒呢？

唉，博士的情況很不樂觀啊！

雖然我很不喜歡他，但還是希望他能挺過去。

鬼靈精？

他就是送我疫苗的鬼靈精先生。

啊！

久仰大名！

多虧了你的疫苗，殭屍城的疫情才得以控制。

你太客氣了。

殭屍博士的病怎麼樣了？

不怎麼樣。

你沒用疫苗治好他嗎？

你在開玩笑嗎？

疫苗只能防患於未然，你送來疫苗的時候，博士已經感染了。

可惡的路障飛機頭殭屍，也不說清楚！

現在博士的病情嚴重惡化，連他的心臟都被細菌感染了。

啊？

那還不快給他換個心臟？

換心手術不是那麼容易做的。

光要找到匹配的心臟就要花費很長時間。

我們想過用幹細胞培育器官，可週期太長；我們又想用 3D 技術打印一顆心臟……

曾經有研究人員選取病人自身的細胞為原材料，利用 3D 列印技術列印出了一顆有細胞、血管、心室和心房的心臟，這在全球尚屬首例。

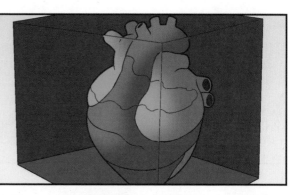

目前，3D 列印心臟雖然可收縮，但不具備泵血等功能，還不能真正承擔起心臟的責任。

還是沒辦法。

氣死我了！難道就沒有別的辦法救博士了嗎？

啊！你是無窮小鬼殭屍！

是你釋放了太空細菌，害了殭屍城的居民！

快來人啊！無窮小鬼殭屍闖進殭屍醫院了！

嘿 哈

無限複製！

變

125

我們來幫你們了！

三十六計，走為上計！

哎喲！

空中大搜捕

好消息!

你抓到無窮小鬼殭屍了?

沒有,還是讓他溜掉了。

我這裏有兩個好消息,你要聽哪一個?

讓我想一下。

想好了,兩個消息我都要聽。

第一個好消息，有人願意和殭屍博士換心了！而且他的心臟條件和殭屍博士非常匹配。

這真是天大的好消息！

第二個好消息呢？

植物鎮的居民在殭屍城外發現了無窮小鬼殭屍的飛碟！

閃電蘆薈院長已經帶大家去抓無窮小鬼殭屍了。

閃電蘆薈真好。

先是派你來幫助殭屍醫院，現在又幫我們抓無窮小鬼殭屍。

你誤會了。

閃電蘆薈院長去找無窮小鬼殭屍是為了要解藥解救咕嚕咕嚕部落的居民。

那個就是無窮小鬼殭屍的飛碟。

這麼高，我們怎麼上去啊？

穿上它就可以啦！

它是我和火炬樹樁研發的生物能戰衣，可以把我們身體產生的生物能轉化為動能、熱能和電能。

生物能這麼厲害嗎？

據測算，一個人在一晝夜損失的自身生物能，如果轉化為熱能，可以把重量等於他體重的水由 0℃ 加熱到 50℃；如果將 40 億人的這部分能量加起來，相當於 10 座核電站產出的電能呢！

一些商場的出入口就安裝了收集生物能的轉動門，顧客進出時推動轉動門的能量會被收集起來。

那這戰衣怎麼用啊？

其實很簡單，我來教你。

這裏有按鈕。

嗒

無窮小鬼殭屍呢？

我們老闆不在。

我們自己進去找。

別亂來啊！

深海巨人殭屍！

有人來搗亂，
幫我解決掉。

怎麼是
你們？

深海巨人殭屍，雖
然我們以前並肩戰
鬥過，但現在我們
屬於不同陣營，所
以對不起了！

嘿！

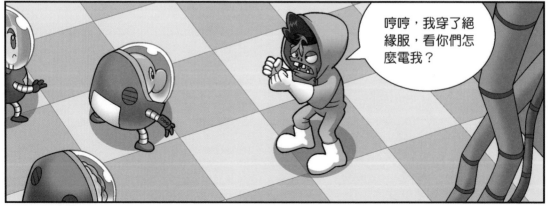

136

對不起，這是熱能炮。

燙死啦！

無窮小鬼殭屍到底在哪兒？

老闆他……

他去殭屍醫院了，說是要把自己的心臟換給博士。

137

# 友情無悔

殭屍醫院

手術很快就開始了，換心之後，你很有可能會死去，現在後悔還來得及喲！

我不後悔。

我的心臟早就進化成了超級心臟，和任何生物的身體都能匹配。

只有我能救博士。

你知道嗎？如果不是你捨身救博士，我早就把你送進警察局了。

我之前和博士鬧彆扭，傷害了這麼多無辜生命，理應受到懲罰……

如果能用我的心臟治好博士，也算是將功贖罪。

唉，如果你早有這種覺悟該多好。

只想把朋友佔為己有，不是真正的友情。真正的友情是理解對方、包容對方，在對方有困難時挺身而出⋯⋯

推他進手術室吧！

好的。

要和博士換心的⋯⋯是無窮小鬼殭屍？

是的，我們也是剛剛才知道的。

等一下！

做手術之前，你先告訴我奇異膠囊的解藥在哪兒？

奇異膠囊的解藥配方，被我藏在了一個非常隱蔽的地方。

解藥配方藏在電腦的C磁碟裏，這算隱蔽？

當然算了！一般人不會把文件放在C磁碟這好嗎？

菜問！

你怎麼來了？

一個月前，我看到新聞說，殭屍城被太空細菌侵襲，所以過來看看。

你早就知道了消息，怎麼現在才來？

這個月我一直都在研製對抗太空細菌的藥物。

今天終於研製出來了！

你不早說？無窮小鬼殭屍剛被推進手術室，要和被細菌感染的殭屍博士進行換心手術！

啊？！

我去阻止他們！

刀下留人！

我已經研製出對抗太空細菌的藥了，無窮小鬼殭屍不用做換心手術了！

換心手術？

怎麼你也要換心嗎？

不是啊！我是來洗牙的。

不是無窮小鬼殭屍啊⋯⋯

對不起，我搞錯了⋯⋯

你說的換心手術在頂樓進行，由探險家殭屍操刀。

現在開始注射麻醉藥。

嗯。

先等一下。

等殭屍博士醒來,麻煩你把這封信給他。

這是……

這是我寫的道歉信。

以前總是他給我寫道歉信,這回該我給他寫了。

如果有來世,我還想和他做朋友。

刀下留人!

1 個月後

咕嚕咕嚕部落的居民全部痊癒,殭屍城的太空細菌也全部被清除了。這場生命科學之戰,我們終於打贏了!

真不容易。

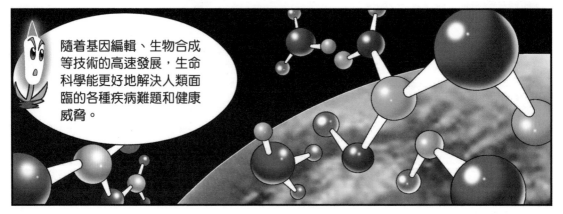

隨着基因編輯、生物合成等技術的高速發展,生命科學能更好地解決人類面臨的各種疾病難題和健康威脅。

但科學的發展是一把雙刃劍，它能改善人類生活，也能被當成武器去害人。醫生的天職是救死扶傷，我們要守住醫學的原則，不能讓它淪為害人的工具！

最近你們辛苦了，從下週開始，大家輪流放假，好好休息一下。

太棒啦！

院長，這有您的一封特急信。

對不起，我們的休假計劃要取消了！

（未完待續……）

145

## 緊急止血救生衣

　　動脈作為血液在人體中的「交通要道」，一旦發生破損，血液就可能像噴泉一樣噴射而出。如果救治不及時，人體短時間內失血量超過 1000 毫升，就很有可能危及生命。實際上，每年有上百萬人因出血而失去生命。目前，科學家們研製出了一種特殊的衣物 ——緊急止血救生衣，或許可以防止出現這一危急情況。

　　「緊急止血救生衣」是一種新型救援工具，它的外表和普通 T恤沒有差別，但將它放在顯微鏡下，就能看見一根根棉纖維上附着了許多圓形的小球，這些 5 微米（1 微米 =0.001 毫米）左右的小球是沸石顆粒，和棉纖維共同形成的複合材料，能在關鍵時刻快速止血，為搶救患者生命贏得時間。這件衣服看似普通，止血效果卻比軍用紗布還要好。測試結果顯示，在使用軍用紗布按壓傷口 10 分鐘後，傷口仍舊血流不止，緊急止血救生衣能在 5 分鐘內成功止血。

## 人造血液

近年來，科學家研製出一種人造血液，或許可以挽救成千上萬人的生命。這種人造血液主要由人造血小板和人造紅血球構成，具有運輸氧氣、二氧化碳的功能。科學家用兔子進行測試，將人造血液注入 10 隻大量失血的兔子體內，結果其中 6 隻兔子得以存活，與注入真正血液的失血兔子的存活率相近。

根據輸血原則，正常情況下患者只能接受與自己血型相同的血液，但人造血液卻可以輸給任何血型的人，不必擔心血型不匹配，這對於那些罕見血型的病人十分有利。並且，與獻血所得的人類血液相比，人造血液可以常溫保存一年以上，而新鮮的人類血液僅能保存 28 天。更重要的是，人造血液可以「無限」製造，這就意味着人煙稀少的地區也能得到充足的血液庫存。未來，如果人造血液可以得到廣泛應用，甚至在事故現場就能為傷者及時輸血，從而有效提高救治率。

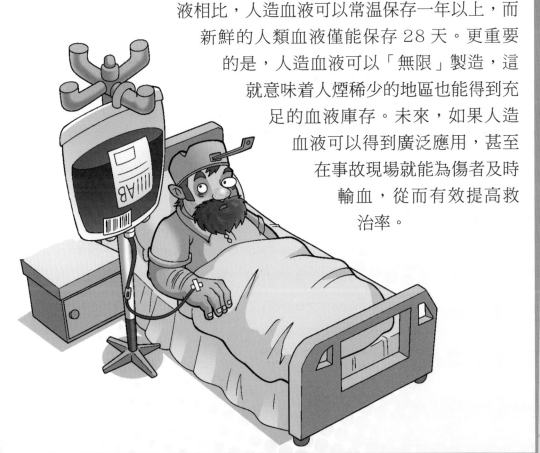

人體知識小百科

## 有觸覺的義肢

　　截肢者通常通過使用義肢來幫助自己更好地適應生活。這些義肢模樣逼真、穿戴舒適，但使用者無法獲得觸覺反饋，只能依靠視覺反饋控制，因此並不是很便利。

　　目前，科學家們已經研發出了一種可由人腦控制，並具有觸覺的義肢。這種義肢的電子系統與電池全部裝在手掌部位，十分小巧輕便。科學家將義肢的電極植入使用者斷肢殘端的肌肉和骨骼，從而將義肢與控制這些肌肉的神經相連。當電極接收到斷肢中輸出的微量電流時，就會將觸覺信息傳入大腦。此外，這套裝備還能檢測到大腦發出的控制手的信號，從而做出一些難度較高的特定動作。這樣患者不僅可以更清晰地體驗自己行動的過程，也能用一種更自然的方式使用義肢。

## 頭髮銀行

脫髮一直是人們非常關注的健康問題之一，如今愈來愈多的年輕人也加入了脫髮甚至禿髮的行列之中。目前，英國一家生物科技公司開辦了「頭髮銀行」，為脫髮人羣帶來了希望。

頭髮銀行的服務對所有年滿 18 歲的成年人開放，患者可以在頭髮還茂密時，通過外科手術，從自己的頭皮提取毛囊裏的真皮乳頭細胞，並放入 -180℃的環境中急凍儲存。多年以後，當患者脫髮嚴重時，再用這些細胞進行繁殖，培育出足夠多的毛髮細胞，移植到患者的頭皮，讓頭髮再生。

現在常見的植髮手術是從患者頭部取出部分健康的毛囊組織，經培養後移植到脫髮部位，但能夠移植的毛囊組織是有限的。頭髮銀行的細胞培育技術使患者不必擔心移植用的毛囊組織不夠用，並且通過頭髮銀行獲得的新頭髮，會比現在植髮得來的頭髮更自然。

## 人體芯片

在一些電影中，有些人物通過在體內植入特定的芯片，能完成許多匪夷所思的事。目前，這一看似神奇的事情正逐步走入我們的現實生活之中。

人體芯片是一種利用無線射頻識別技術開發出來的小型芯片，其中裝有芯片、天線和信息發射裝置，可對應身體外不同的接收裝置。據說，瑞典一家公司的 50 多名員工在 2017 年就自願植入了人體芯片。這種芯

片只有米粒大小，通過特殊的注射器，只需 2 分鐘就能無痛植入體內。芯片植入完成後，員工可以利用體內的芯片，在公司內執行開門、解鎖電腦和使用影印機等簡單任務。

未來，科學家們還希望通過升級人體芯片，在多個領域為人類帶來更多便利，例如儲存身份信息、實時監測人體健康情況、防止犯罪等。

## 人體「假死」術

在科幻或武俠作品中，「假死」是一種十分特殊的技能，可以讓人暫時休眠，度過危機後再醒來。目前，美國的科學家首次實現了這一「超現實」技術。

這項技術被稱為「緊急保存與發甦技術」，主要為治療急性創傷爭取時間。醫生首先會用溫度很低的生理鹽水代替患者的血液，將患者的體溫迅速降低至 10℃ 至 15℃。這時患者的大腦活動幾乎

完全停止，心臟也不再跳動，看起來就像是死亡了。之後，醫生會及時對進入「假死」狀態的患者進行手術。手術完成後，患者的體溫將通過體外循環來恢復，同時他體內的生理鹽水也被換成其自身的血液。

　　由於急性創傷的病人失血很快，按以往的醫學技術，給醫生對其進行搶救的時間只有幾分鐘，致使這類病人的存活率僅為 5% 左右。而這項新技術的出現，可以為醫生爭取約 2 小時的搶救時間，大大地增加了患者的存活機會。

## 檢測癌症的新技術

　　傳統的癌症檢測方法有磁力共振、電腦斷層掃描、胃鏡、彩超等，雖然能夠發現癌症，但檢查過程卻十分耗時。以宮頸癌為例，通常需要 1 星期左右才能得出結果。而且切取活體組織進行檢查，容易引起感染。目前，有一家公司研發了針對宮頸癌的早期診斷設備，僅用一個鏡頭就能檢測出患癌症的部位。這種設備共分三層，其中第一層為智能掃描層，用於掃描深部組織並進行化驗，幾分鐘內就能得出檢驗結果；第二層為機器算法層，通過該層可了解受檢組織是否正常，如果已患癌症，還可了解癌症正處於哪個階段；第三層為雲平台數據層，用以儲存檢查數據，以便下一步進行更準確的診斷和追蹤。

此外，科研人員還研製出了一種呼吸分析儀，同樣可以快速地檢測癌症。這種儀器由納米傳感器陣列組成，通過收集患者呼吸的「氣味」信息，使用人工智能技術，分析由傳感器獲取的數據。通過數據分析，可推斷出呼吸樣本中的不同成分，從而診斷出不同類型的疾病。這項檢測技術能夠對疾病進行快速、低成本的診斷和分類，無需複雜的採集流程，對於身體無侵入性，危險性小，未來有廣泛的應用前景。

□ 責任編輯：華　田
□ 裝幀設計：龐雅美　鄧佩儀
□ 排　版：楊舜君
□ 印　務：劉漢舉

# 植物大戰殭屍 2 之人體漫畫 08
## ——生命守護者

□
編繪
笑江南

□
出版
中華教育
香港北角英皇道 499 號北角工業大廈一樓 B
電話：（852）2137 2338　傳真：（852）2713 8202
電子郵件：info@chunghwabook.com.hk
網址：http://www.chunghwabook.com.hk

□
發行
香港聯合書刊物流有限公司
香港新界荃灣德士古道 220-248 號
荃灣工業中心 16 樓
電話：（852）2150 2100　傳真：（852）2407 3062
電子郵件：info@suplogistics.com.hk

□
印刷
泰業印刷有限公司
大埔工業邨大貴街 11 至 13 號

□
版次
2023 年 9 月第 1 版第 1 次印刷
© 2023 中華教育

□
規格
16 開（230 mm×170 mm）

□
ISBN：978-988-8860-21-0